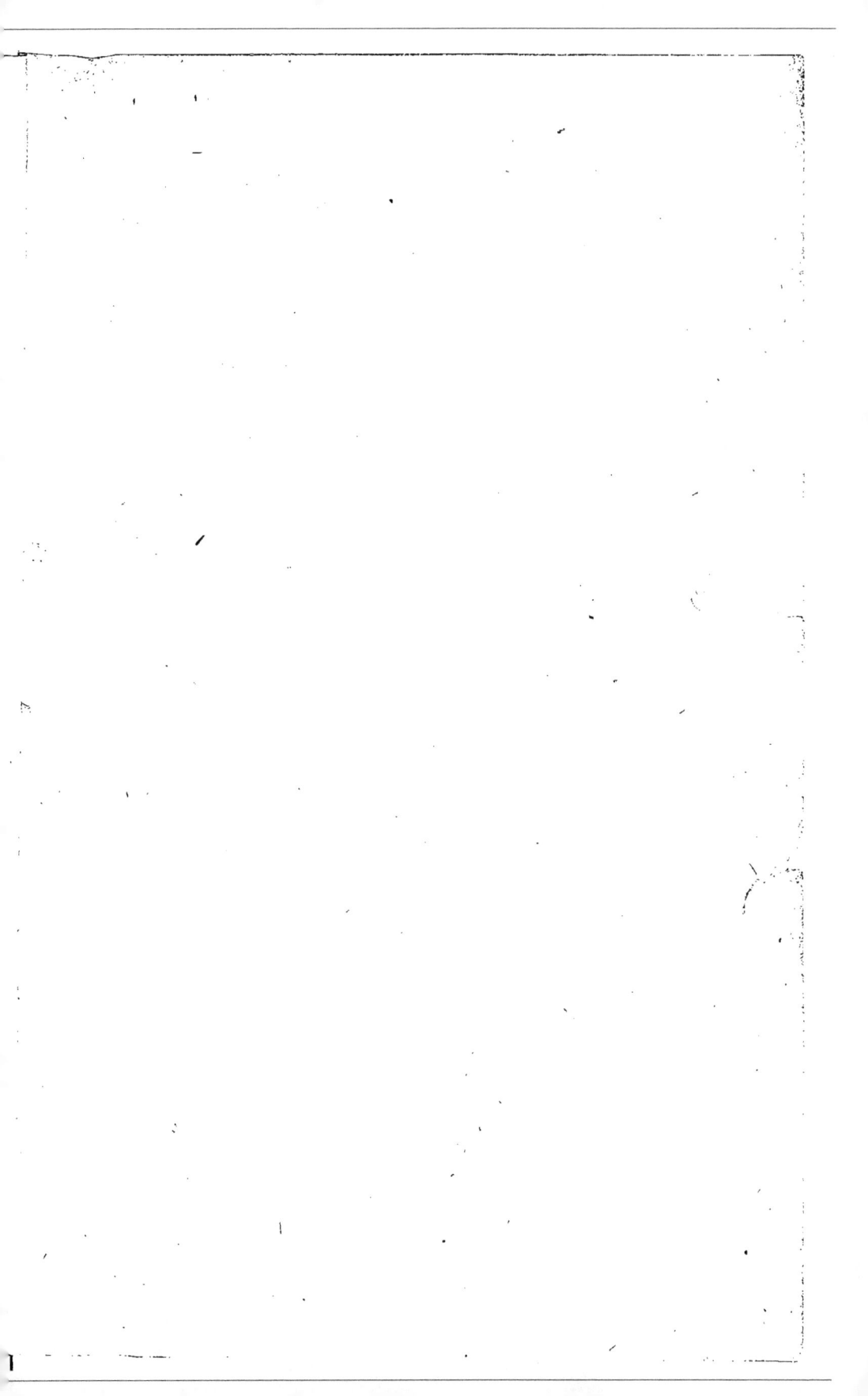

27863

MÉMOIRE

SUR L'OLIVIER,

Par M. le Cher Gouffé de Croisvillea;

Suivi du Rapport sur les Mémoires adressés à l'Académie de Marseille, pour concourir au Prix sur les moyens de réparer les désastres qu'ont éprouvés les Oliviers, par le froid de 1820;

Par M. le Cher LAUTARD, Secrétaire perpétuel de la classe des sciences, Membre correspondant du Conseil d'agriculture, *etc.*

MARSEILLE,

Chez ACHARD, imprimeur de l'Académie, rue St-Ferréol, n° 64, au coin de la rue Grignan.

1823.

SUR L'OLIVIER,

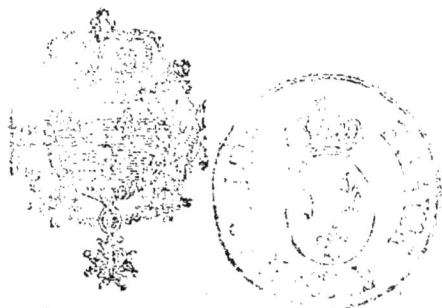

MARSEILLE,

n° 61, au coin de la rue Tapis-Vert.

MÉMOIRE

SUR L'OLIVIER,

Par M. GOUFFÉ DE TROISVILLES,

Chevalier de l'Ordre royal et militaire de
Saint-Louis, à Marseille,

*Ouvrage couronné par l'Académie Royale
des Sciences, Lettres et Arts de Marseille,
dans sa séance du 1ᵉʳ septembre 1822.*

Olea quæ prima omnium arborum est.
COLUM. caput 5, p. 7.

Les plantes céréales, la vigne et l'olivier sont,
en Europe, les productions de la terre les plus
nécessaires à l'homme, et celles dont il a le
plus étendu la culture. Il les demande chaque
année par son travail, et ce fut dans les premiers élans de sa reconnaissance, qu'il crut être
redevable de chacun de ces bienfaits à la bonté
particulière d'un Dieu. Ainsi Cérès lui apprit
à semer les grains, Bacchus à planter la vigne,

1

et l'olivier chargé de fruits sortit du sein des champs de l'Attique à la voix de Minerve.

Quoique cet arbre précieux soit au rang des premières richesses végétales, nous sommes loin cependant de vouloir comparer son produit à celui des grains dont la culture est générale, ni même au produit de la vigne, qui, croissant partout où croît l'olivier, prospère encore dans des climats où celui-ci ne peut exister. Incapable de résister aux excès du chaud et du froid, l'olivier ne vit que sous des zones tempérées; c'est au centre de ces zones qu'il se plaît et qu'il s'élève à la hauteur des futaies; c'est là qu'il est l'objet de la principale culture et une abondante source de richesses. A mesure qu'il s'éloigne de cette ligne, il va toujours se dégradant, il devient petit et chétif, et ses branches sans vigueur, ainsi que ses feuilles desséchées, attestent qu'il approche des climats d'où la nature l'a proscrit, et que s'il maintient son existence sur les limites où il est circonscrit, elle y est continuellement en danger. Une gelée un peu forte, quelque peu de neige subitement glacée sur ses feuilles, suffisent pour le faire périr. Ses facultés végétatives, sans cesse en activité, le rendent plus sensible aux variations de l'atmosphère; sa sève, brusquement saisie par le froid, s'arrête tout-à-coup, brise et déchire ses vaisseaux.

Quel douloureux spectacle pour le propriétaire, qui, jetant les yeux sur ses vergers naguère si verdoyans, n'y voit plus que des cadavres! Quelques instans de froid ont causé cet effroyable changement. Cette déplorable perte n'est pas celle d'une récolte, elle est le sujet d'un long deuil; c'est la perte d'un arbre qu'on ne peut réparer avec l'espoir d'en jouir bientôt, d'un arbre qu'un père plante pour ses enfans.

Depuis 1709 jusqu'en 1820, le froid a fait périr cinq fois les oliviers en Provence. Frappés de la gelée subite qui eut lieu à la première de ces époques, ils succombèrent presque tous; ceux qui survécurent, n'ayant plus de vie que dans leurs racines, furent rabattus sur leur souche. Renouvelés, ou régénérés par leurs rejetons, ils essuyèrent de nouveaux désastres dans l'hiver de 1769 à 1770. Les rigueurs du froid de 1789 obligèrent de nouveau les propriétaires à les couper rez-terre. A-peine commençaient-ils à se remettre d'un si rude coup, qu'ils éprouvèrent, en 1795, un froid moins mortel, il est vrai, mais dont les atteintes se firent également ressentir plus ou moins à tous les individus. Dans la dernière époque, en 1820, le froid, presqu'au même degré qu'en 1709, n'a pas aussi généralement frappé de mort tous les oliviers. Ses ravages ont semblé tenir du caprice. Dans la ligne de dévastation qu'il a parcourue, des oliviers, victimes de sa fureur, se trouvaient voisins immédiats d'autres qu'il a épargnés. Sans prétendre assigner les causes d'un tel fait, nous croyons que la sève, plus active dans un sujet d'une espèce plus précoce, ou dans un individu nouvellement bêché, plus active encore suivant la qualité et la profondeur du terrain, a plus à craindre, en raison de cette activité, d'une gelée soudaine, que si elle était dans un état d'inertie.

D'après ces désastres, qui ont eu lieu en Provence, les oliviers y ont été renouvelés ou régénérés cinq fois, dans l'espace de cent onze ans. Dans cet espace de tems, le terme moyen de leur vie n'a été que de vingt-deux années; desquelles, si l'on en déduit six d'enfance, on trouvera réduite à seize années la jouissance du propriétaire; jouissance quelquefois troublée par l'inconstance des saisons, et bien souvent encore par les suites d'une culture vicieuse.

Si l'on considère les dangers que les oliviers ont à courir, les désastres périodiques auxquels ils sont exposés, enfin la longueur de leur enfance, on se sent découragé; on hésite à entreprendre des travaux chanceux, dont on n'entrevoit le fruit qu'à la suite de plusieurs années. On craint d'ajouter de nouveaux regrets aux anciens, et de rentrer dans la ligne d'infortune dont on vient à-peine de sortir.

Que ces réflexions ne nous fassent point renoncer à une antique culture, dont les avantages surpassent les inconvéniens; suivons l'exemple de nos devanciers qui, dans une infortune pareille, ne tentèrent pas de substituer un autre produit à celui de l'olivier. Ces mêmes individus, que nous hésitons à régénérer, furent régénérés par eux. Laisserons-nous ravir à notre sol l'avantage de donner l'huile la plus précieuse? Loin de nous une idée aussi préjudiciable à notre pays. Mieux conseillés, transmettons à nos descendans ce dépôt, que nous avons reçu de nos pères, en nous rappelant que ce n'est qu'arrosée de nos sueurs, et bien souvent encore de nos larmes, que cette terre nous donne ses produits.

Je vais essayer d'indiquer les moyens les plus propres à réparer promptement les désastres qu'ont soufferts les oliviers par le froid de 1820; sujet proposé par l'Académie de Marseille, sujet digne des descendans de ces Grecs qui fondèrent cette ville, y apportèrent leurs arts et leurs sciences, et enrichirent son sol de la culture de l'olivier!

Les oliviers qui ont été victimes de la gelée, à cette dernière époque, peuvent être divisés en deux classes ; savoir, ceux qui ont totalement péri, et ceux qui ont conservé quelque reste de vie. Je traiterai d'abord du remplacement des premiers, et ensuite du rétablissement des autres.

Dès qu'on est assuré de la mort de l'individu, il faut l'arracher, avec l'attention la plus scrupuleuse d'enlever jusqu'à la plus petite racine, dont le séjour serait nuisible au plant qui doit le remplacer.

On commencera par ouvrir une fosse de 15 décimètres carrés et de la profondeur d'un mètre. Cette fosse restera ouverte pendant une année, pour que la terre se purifie et se bonifie, par les exhalaisons qui en émanent et par le concours de l'air et du soleil. On parvient également au même but, en remplaçant la terre enlevée de la fosse par une terre riche en humus.

C'est un fait prouvé par l'expérience, qu'un arbre croît difficilement, et qu'il ne prospère pas, lorsqu'il est planté à la même place où est mort récemment un individu de même espèce. Pour que le sujet destiné à le remplacer puisse réussir, il faut laisser au terrain un repos de quelques années, pendant lesquelles il répare ses sucs épuisés, et se purifie des malignes influences causées par la mort de l'individu remplacé.

C'est par des chevilles que se font les remplacemens. L'époque la plus favorable pour leur plantation est depuis le milieu de janvier jusqu'à la fin de février. On peut la prolonger, mais avec moins d'avantage, jusqu'aux premiers jours d'avril, si on y est forcé par les circonstances.

Faites choix de rejetons jeunes, mais hors de l'enfance. Que leur souche soit saine et pourvue de racines, s'il est possible ; que leur tige droite ait, vers le milieu, 36 centimètres de circonférence ; et que leur écorce soit unie et luisante. Pour être assuré de leur race, tirez de préférence ces rejetons des propriétés voisines. Ceux qui viennent de loin ont nécessairement dû souffrir, dans le transport, du vent, du froid et du soleil; ils ne vous offrent aucune sûreté de leur race, et vous exposent souvent à la nécessité de les greffer, ce qui retarde leur produit au moins de deux années.

Si vous êtes réduits à employer ces derniers, vous les mettrez dans l'eau dès que vous les aurez reçus et les y laisserez tremper pendant 24 heures, après lesquelles vous les planterez. Enlevez, avec une forte serpette, tout le bois mort des chevilles qui sont dépourvues de racines, et unissez la base de la souche au moyen d'un instrument bien tranchant, afin que la cheville se tienne debout, sans avoir besoin d'appui. Comblez

ensuite le trou jusques aux deux tiers; placez
la cheville au centre et au niveau du comblement.
Vous vous servirez de la main pour coigner la terre
au-dessous de la base de la souche, à l'effet de
remplir les vides qui pourraient s'opposer à leur
mutuelle adhérence, et acheverez de la presser légèrement avec le bout du manche de la bêche.
Les chevilles, ainsi placées, seront recouvertes,
au-dessus de leur souche, de deux pouces de
terre, sur laquelle on répandra un cabas de fumier, si toutefois la plantation a lieu dans les
mois de janvier ou de février. Vous achèverez
le comblement et buterez la tige à trois ou quatre
pouces de hauteur : ce butement est nécessaire
pour dévier les eaux pluviales, dont le séjour
nuirait à la souche. L'eau, qui, filtrant par ses
entours, pénètre jusqu'au fond de la fouille,
est celle qui lui convient. La plantation sera
terminée par le versement d'un arrosoir d'eau :
cette opération n'est pas de rigueur, et n'a lieu
que lorsqu'on a l'eau à portée.

Il est des cultivateurs qui n'achèvent pas le
comblement des trous; ils établissent, par ce
moyen, une espèce de réservoir pour les eaux
pluviales, qui pénètrent aisément au fond d'un
terrain remué. Cette méthode est vicieuse, parce
qu'un terrain nouvellement remué s'affaisse, dans

le courant de la première année, de **six centi-**
mètres par mètre. L'olivier, en suivant cet affais-
sement, se trouve trop recouvert l'année suivante,
et ses racines les plus près du sol, étant séparées
de l'atmosphère par une épaisse couche de terre,
ne peuvent plus profiter de ses influences.

Lorsque vous planterez, que la terre ne soit
point trop mouillée ; évitez les jours de vent, et
choisissez un tems calme et disposé à la pluie.

Les chevilles dont les souches sont pourvues de
racines, étant plus recherchées et plus rares, sont
d'un prix plus élevé. Lorsqu'on les arrache, elles
exigent les plus grandes précautions pour conserver leurs racines dans toute leur intégrité.
On doit ne tailler que celles qui sont brisées
ou déchirées, et s'abstenir de toucher aux autres.
Lorsqu'on les plantera, on élèvera, au centre
du trou, un petit monticule, où sera la place
de la souche, autour de laquelle les racines seront arrangées dans la direction des branches qui
leur correspondent. La plantation sera continuée
par les moyens ci-dessus indiqués, en observant
seulement, avant de finir le comblement, de
soulever légèrement la tige, afin de donner aux
racines leur position naturelle.

Nous allons à présent nous occuper des oliviers
qui n'ont pas totalement péri par la gelée, mais

2

qui, frappés inégalement de ses coups, ont conservé un reste de vie, soit dans leurs branches, soit dans leur tige, soit enfin dans leurs seules racines. Nous indiquerons le traitement qui convient aux individus de cette classe nombreuse; nous en ferons trois divisions, en commençant par les plus maltraités, c'est-à-dire, ceux qui n'ont conservé que leur souche.

Dans la première année, on ne peut connaître d'une manière certaine, le point auquel il faut les rabaisser; ce n'est qu'à la seconde que ce rabaissement peut être fixé; par ce retard, on ne court pas le risque d'avoir coupé trop ou trop peu en avant dans le vif.

C'est vers la fin de mars qu'il faut ravaler les oliviers, et cette opération doit être terminée avant les derniers jours d'avril. Afin d'endommager le moins possible l'individu, servez-vous d'instrumens très-tranchans, qui donnent une coupe nette; préférez la scie à la hâche et à la serpe (*poudadouiro* en provençal), dont la coupe irrégulière cause des éclats difficiles à réparer.

Coupés rez terre et réduits à leur souche, les oliviers n'ont produit de celle-ci, pendant la première année, que des rejetons. Quelque nombreux que soient ces rejetons, gardez-vous

d'en supprimer aucun ; qu'ils restent sur pied
pendant deux années : cette suppression, ne
fût-elle que de quelques uns, ou même d'un seulement, nuirait à la correspondance de la sève
entr'eux et les racines. Leur existence assure celle
de la souche.

Les plantes tirent leur nourriture de l'acide
carbonique combiné avec l'eau. Ce suc, après
avoir pénétré les feuilles (1), coule dans les
rameaux qu'il vivifie, et, par leurs conduits,
descend tout élaboré dans les racines. Les
racines sont les nourrices des feuilles, comme
celles-ci sont les nourrices des racines; si les rameaux sont dépouillés de feuilles, les racines

_____

(1) Il est prouvé que les plantes tirent l'humidité de leurs
feuilles ; il ne l'est pas moins qu'il y a une étroite communication entre ces feuilles, et que cette communication s'étend à
tout le corps de la plante. Ainsi, on peut dire que les végétaux
sont plantés dans l'air, à-peu-près comme ils le sont dans la
terre. Les feuilles sont aux branches, ce que le chevelu est aux
racines ; l'air est un terrain fertile où les feuilles puisent abon-
damment des nourritures de toute espèce. La nature a donné
beaucoup de surface à ces racines aériennes, afin de les mettre
en état de rassembler plus de vapeurs et d'exhalaisons ; les
poils dont elle les a pourvues arrêtent ces sucs, des tuyaux
toujours ouverts les reçoivent et les transmettent à l'intérieur;
on peut même douter si ces poils ne sont pas des suçoirs.
(*Recherches sur l'usage des feuilles dans les plantes*, par Bonnet,
p. 47.)

languissent ; elles ne reprennent leur activité, que lorsque les feuilles reparaissent. D'après cela, les rameaux et les racines sont dans une mutuelle dépendance; mais cette dépendance est encore plus essentielle au moment où la souche, séparée de l'arbre, ne peut recevoir par d'autres moyens aucune nourriture. Ces rejetons sont ses pourvoyeurs; si on l'en prive, elle languit, se dessèche et périt : il est donc très-essentiel de les lui tous conserver. Là où les racines sont en plus grand nombre et les plus fortes, là correspondent en plus grand nombre les plus fortes branches (1).

A la troisième année, on réduira les rejetons, d'après leur force et celle de la souche, au

---

(1) Les feuilles sont celui des organes élaborateurs, où l'élaboration de la sève est la plus considérable. Elles sont la vraie source de tous les sucs nourriciers, et le réservoir de tous les sucs tirés par leurs racines ; c'est là que s'opère la grande décomposition de l'acide carbonique, la grande évaporation de la partie surabondante de l'eau, la grande excrétion du carbone inutile à la plante, soit par l'acide carbonique qui se forme, soit par le carbone qui reste dans la feuille et qui se perd pour le végétal quand elle tombe. C'est de là que le gaz oxigène s'échappe, c'est là que se dépose la terre nourricière, c'est là aussi que l'eau vraisemblablement se décompose, enfin c'est là que les sucs propres commencent à paraître. (*Bonnet.*)

nombre de cinq ou six, parmi lesquels on fera
choix du plus vigoureux et du mieux placé, pour
rester à demeure et remplacer son prédécesseur.
Ces rejetons doivent être à-peu-près également
distans entr'eux, et un peu éloignés de la
souche, pour qu'ils puissent être arrachés avec
leurs racines, sans blesser celles de la souche,
ni celles de leurs voisins. Aucun de leurs rameaux
ne sera retranché, et on les laissera croître et se
déployer en pleine liberté. Dans la même année,
ces rejetons donneront des fruits.

Les rejetons qui auront été enlevés de la souche, le plus près possible du point de leur insertion, seront mis en pépinière. Ceux qui sont
francs de pied méritent le plus nos soins; ils
nous en payeront deux ans plutôt que ceux qui,
produits du sauvageon, sont assujettis à la greffe:
ces derniers seront greffés deux ou trois ans
après. Pourvus de racines, ils auront l'avantage,
ainsi que ceux de race, de pouvoir être transplantés avec toutes leurs branches.

Si, parmi les rejetons conservés à la souche,
il s'en trouve de sauvageons, on greffera ceux
qui sont en état de l'être; les autres le seront
l'année d'après.

Vers la mi-mars de la quatrième année, pourvu
que le tems ne soit pas disposé à la gelée, la

tige des rejetons demeurés en place et tenant à
la souche sera ravalée, à trois quarts de mètre de
hauteur, sur deux branches opposées et croisées
avec deux autres branches qui se trouvent immédiatement au-dessous : vous supprimerez presque toutes les autres.

Dans le mois d'août, ces jeunes individus
seront ébourgeonnés. Voulant éviter de nous
répéter, nous renvoyons, pour cette opération,
au chapitre où nous traiterons de l'ébourgeonnement ; nous en ferons de même pour la taille,
les labours et les engrais.

A la cinquième année, les rejetons ayant ac-
quis les dimensions nécessaires pour être transplantés, seront arrachés. Celui qui a été réservé
pour le remplacement, demeuré seul en place
et jouissant de toute la sève, donnera du fruit
en raison de l'accroissement de ses forces. A la
fin de mars ou en avril de cette cinquième
année, on retranchera tous les jeunes rameaux
qu'il aura poussés dans l'intérieur, ainsi que
ceux qui, par leur rapprochement, pourraient
causer un frottement nuisible. Ses rameaux
extérieurs seront conservés ; mais ceux qui
doivent former les branches mères, ou les quatre
bras principaux, seront ravalés sur leurs rameaux

perpendiculaires, et sur leurs branches les plus vigoureuses et les mieux placées (1).

C'est vers la fin de mars de la seconde année, qu'il faut rabattre, sur leur tige, les oliviers qui, moins maltraités que les précédens, n'ont perdu que leurs branches. Gardez-vous de les ébourgeonner la première année; renvoyez au mois d'août de la suivante cette opération, que vous continuerez à la même époque dans les années suivantes.

Au mois de mars ou d'avril de la 3me année, on examinera si le ravalement a été fait avec succès. Il arrive quelquefois qu'il ne réussit pas, quoique exécuté avec régularité; dans ce cas, hâtez-vous de le rabaisser de nouveau d'un quart de mètre (un pan) au-dessous de la ligne de dessèchement; ce n'est qu'en coupant aussi avant dans le vif, que vous éviterez de revenir à cette

---

(1) Les oliviers ne doivent être élevés que sur une seule tige ou sur un seul pied; dans aucun cas ils ne doivent l'être sur plusieurs rejetons. Cette réunion est nuisible aux individus qui la composent, par les mutilations multipliées qu'ils essuient en raison de leur nombre. Par suite de la taille qui occasione la suppression des rameaux correspondant aux racines, celles-ci sont privées de la nourriture qu'elles recevaient de ces rameaux et se trouvent réduites aux sucs qu'elles puisent dans la terre, et qui suffisent à-peine à leur entretien.

opération dangereuse, lorsqu'elle est réitérée. Vous appliquerez, sur les plaies, un onguent (1), et de suite après, conservant les rameaux les plus vigoureux et ceux qui donnent de la tournure à l'arbre, vous retrancherez tous les autres, sans déchirures et le plus nettement possible, rez de leur point d'insertion.

A la quatrième année et à la même époque, sans toucher ni aux rameaux extérieurs, ni aux branches les mieux placées pour former la tête de l'arbre, on retranchera tous les rameaux de l'intérieur, ceux qui se croisent ou qui, trop près des branches, pourraient leur nuire soit par leur frottement, soit en absorbant une partie de leur nourriture.

La taille aura lieu dans la cinquième année, vers la fin de mars et en avril. Cette taille se réduit à couper tous les bourgeons des branches mères, qui s'élèvent au-dessus des autres branches;

---

(1) Voici la recette de cet onguent : Faites fondre ensemble, dans un vase de terre, une demi-livre de poix résine et une demi-livre de poix noire, ajoutez-y la même dose d'huile de noix ou autre ; réduisez le tout au tiers, et jetez sur le tout une forte poignée de cendres tamisées, que vous mêlerez bien avec. On applique cette préparation chaude, avec un pinceau, sur toutes les plaies qu'on a faites, soit en étêtant, soit en ébranchant.

les rameaux que celles-ci auront produits dans l'intérieur seront seuls retranchés. La taille sera la même dans les années suivantes et à la même époque.

On usera d'un traitement à-peu-près pareil pour les oliviers moins infortunés, dont la perte se réduit à celle de leurs rameaux ou des sommités de leurs branches. Ils ne seront ébourgeonnés qu'au mois d'août de la seconde année, et cette opération aura lieu à la même époque dans les années suivantes. Dans les mois de mars et d'avril de la troisième année, au tems de la taille, les branches desséchées seront de nouveau rabattues au-dessous du point de dépérissement. On se conformera aux moyens indiqués ci-dessus pour les rameaux intérieurs et extérieurs, pour le ravallement de ceux qui seront conservés, pour les jeunes branches, pour les branches verticales et pour l'ébourgeonnement.

S'il arrive qu'un olivier, répondant mal à vos soins, n'ait que faiblement poussé, hâtez-vous d'en découvrir la cause ; elle vient souvent de l'eau qui séjourne sur sa souche et ses racines, et qui finirait par les pourrir. Tant que le mal n'en attaque qu'une partie, on peut y remédier en enlevant avec soin tout ce qui est gâté ; mais s'il envahit la souche, il faut arracher l'arbre et le remplacer au printems de l'année suivante.

3

Plus souvent encore ce dépérissement est la suite de la carie, causée par un gros ver (1) qui se loge dans la souche et qui la ronge. Dans ce cas, fouillez la terre pour aller jusqu'au mal, et armez-vous de patience pour surprendre, dans sa retraite, cet insecte destructeur. Substituez à la terre de la fouille, une terre riche en humus, sur laquelle vous répandrez un demi-cabas de suie.

Tels sont les moyens que nous indiquons, comme les plus propres à réparer les désastres qu'ont soufferts les oliviers par le froid de 1820. Puissent ces moyens répondre au vœu de la société savante; dont les travaux n'ont d'autre but que l'utilité et la prospérité publiques!

Nous allons à présent traiter succinctement de la taille, de l'ébourgeonnement; des labours et des engrais qui conviennent aux oliviers, et, par leurs concours, en maintiennent et augmentent le produit.

De la Taille.

La taille est l'art de disposer et de conduire les arbres, pour les conserver en état de vigueur;

---

(1) Le scarabée moine, *Scarabæus nasicornis*. Linnée.

leur donner la forme qui leur convient le mieux, et pour en obtenir des fruits beaux, bien nourris et de bonne qualité.

La taille de l'olivier a lieu tous les ans, ou tous les deux ans. La taille bis-annuelle est généralement usitée; mais les agriculteurs éclairés donnent la préférence à la taille annuelle, dont les résultats prouvent l'avantage.

L'olivier qui n'est taillé que tous les deux ans, ne porte nécessairement du fruit que sur le bois de deux ans; mais si par la taille annuelle, par l'ébourgeonnement, les labours et les engrais, on lui donne la force de pousser de nouveaux bourgeons, n'a-t-on pas lieu d'en attendre une récolte chaque année. Pourquoi donc négligerait-on de l'obtenir, en renouvelant annuellement tous ces moyens?

La taille d'un olivier nouvellement planté, lorsqu'elle est annuelle, n'est presque qu'un élaguement, surtout dans les premières années de son enfance. Ce n'est qu'au mois d'avril de la seconde année de sa plantation, que commence cette taille : elle consiste dans la suppression de tous les rameaux, à la réserve de trois ou quatre, qui, par leur position et leur vigueur, répondent de l'existence et de la forme du jeune arbre.

Au mois d'avril de la troisième année, les

petites branches, qui doivent former la tête de
l'arbre, seront ravalées proportionnellement à leur
force, sur des bourgeons perpendiculaires à leurs
branches horizontales. Les rameaux intérieurs,
ceux qui sont trop diffus, ceux qui, trop rappro-
chés des branches, peuvent les meurtrir par leur
frottement, seront retranchés. Tous les rameaux
extérieurs seront conservés, hormis ceux qui
peuvent causer de la confusion ou des meurtrissures.

La taille, dans la quatrième année et les suivantes, sera pareille à celle que nous venons
d'indiquer. On supprimera, jusqu'au point de
leur insertion, les branches meurtries, malades,
chironnées et mortes. On ravallera la sommité
des rameaux, en raison de leur vigueur, le plus
près possible de deux bourgeons opposés, et on
retranchera les rameaux qui n'ont pas été ebour-
geonnés et qui épuisent inutilement une partie
de la sève; enfin, on supprimera une partie des
branches qui, par leur trop grand nombre, se
nuiraient réciproquement et nuiraient encore plus
à l'arbre, qu'elles priveraient des influences de
l'air et de la lumière. Dans cette opération, les
rameaux supérieurs seront conservés de préférence à ceux placés au-dessous.

Dès que la taille sera achevée, hâtez-vous d'enlever le bois qui a été retranché. S'il demeure sur le sol , il se dessèche, le chiron s'en empare et se répand de là sur l'olivier.

En décembre, avec une brosse , telle que celles dont on se sert pour les voitures , on aura soin d'enlever la mousse et les lichens qui ramollissent et pourrissent le pied de l'arbre. Si ces plantes parasytes envahissent la tige, celle-ci devient l'asile d'une foule d'insectes destructeurs; si c'est aux branches qu'elles s'attachent, elles affament les bourgeons qu'elles n'ont pas étouffés. Faites aussi tomber, avec le dos de la lame de la serpette, les éclats d'écorce prêts à se détacher de la tige et des branches : ces éclats servent d'abri aux insectes.

Lorsque la taille n'a lieu que tous les deux ans, les branches inutiles que l'olivier a produites durant ce tems, n'étant retranchées qu'à la fin de la seconde année, ont eu, dans le cours de dix-huit mois, le funeste loisir de s'approprier une partie des sucs destinés aux branches dont il fallait accroître les forces et la fertilité. Le long séjour de ces branches nuisibles , ainsi que l'excessive quantité de fruits dont l'olivier se trouve surchargé par cette taille, l'épuisent et le réduisent à l'impuissance de pousser de nouveaux bourgeons au printems suivant.

La suppression des branches occasione, par suite de leur accroissement, des plaies plus grandes et, par conséquent, plus lentes à guérir. Le bois mort, les branches malades agravent encore cet état d'épuisement, ainsi que divers insectes qui pénètrent sous l'écorce crevassée, y multiplient et de là, se répandant sur la tige, finissent par envahir le fruit.

D'après ces funestes inconvéniens, suite inévitable de la taille bisannuelle, on a de la peine à concevoir l'aveuglement ou l'insouciance des cultivateurs, qui, sans autre raison que l'habitude, suivent constamment un usage vicieux qui n'offre aucun avantage. Serait-ce l'appât d'une récolte, plus abondante qui les éblouirait? Ils ne veulent point voir que cette abondance, toujours nuisible à l'olivier, suivant Pline, (1) ne s'obtient qu'aux dépens de cet olivier qui est condamné à demeurer stérile pendant une année, pour être accablé dans l'année suivante du poids d'une double récolte. Mais cette récolte, dont on se flatte pendant deux années d'attente, est-elle bien assurée? Dans le tems de la floraison, les oliviers sont-ils à

_____

(1) Nocet plerumque olæis nimia et fertilitas. (*Plinii Hist. natur. lib.* 17 *cap.* 24).

l'abri de la pluie laquelle, en paralysant les parties sexuelles, annulle la fructification? Peuvent-ils garantir leurs fruits des vents et des insectes qui en causent la chute, même avant leur maturité, surtout dans les tems de sécheresse ; et sont-ils en état de nourrir ces fruits dont ils sont surchargés, se trouvant privés d'une sève devenue la proie de branches nuisibles? Enfin, ces raisons ne fussent-elles que spécieuses, rien ne saurait justifier l'imprudence de commettre le sort de deux récoltes au sort d'une seule, et de réduire à une seule chance les deux chances qu'on avait à courir. Il peut résulter de ce faux calcul, que si la récolte bisannuelle vient à manquer, l'olivier, dans l'espace de quatre années, ne donne qu'une seule récolte, sans laisser aucun espoir de dédommagement ; tandis que, par la taille annuelle, il est plus que probable que les accidens funestes aux récoltes ne se renouvelleront pas deux fois dans quatre années.

Si je me suis étendu sur les désavantages de la taille bisannuelle, c'est que j'ai voulu les faire sentir aux cultivateurs, et les engager, par le motif de leurs intérêts, à quitter une routine vicieuse. J'ai encore insisté sur ce chapitre, parce qu'il m'a paru traité trop légèrement par les auteurs qui ont écrit sur l'olivier, à l'exception

de M. David et de M. Darluc, qui donnent
hautement la préférence à la taille annuelle.

« C'est une erreur de croire, dit le premier, (1)
» que l'année où l'olivier ne charge point soit
» une année de repos ; c'est bien plutôt le signe
» de l'épuisement dans lequel on le jette , lors-
» qu'on le laisse une année sans l'élaguer ; alors
» tous les rameaux sont en fleurs au printems ;
» mais si le fruit noue, sa sève étant à-peine
» suffisante pour le nourrir, il en tombe une
» grande partie avant la maturité, l'arbre ne
» pousse point à bois, et, l'année d'après, il se
» trouve hors d'état de produire par le défaut de
» bois nouveau. Pendant cette prétendue année
» de repos, on décharge l'olivier d'une partie de
» ses grosses branches. Dans cet état , il n'est
» plus occupé qu'à pousser du bois nouveau et
» à recouvrir en partie les blessures qu'on lui a
» faites. Ainsi, on contraint l'olivier à supporter
» la première année , une surcharge de fruits, et
» la seconde à pousser du bois nouveau, afin
» qu'il puisse s'entretenir dans cette triste alter-
» native. Un arbre conduit de la sorte peut-il
» jamais être d'une belle venue ? Par une suite

_____

(1) Seconde Lettre de M. David, 23 décembre 1762, pages
21 et 22.

» nécessaire de ce traitement, cét olivier ne
» donne que cinq récoltes dans l'espace de dix
» années, et il travaille à son rétablissement
» pendant les cinq autres années ; tandis que
» l'olivier, que le père de famille élague an-
» nuellement, a donné dans dix ans dix récoltes,
» et que ses branches se sont élevées pendant
» dix fois. Quelle différence dans le produit et
» dans la progression de l'arbre ! »

« La taille de l'olivier (1) se pratique tous
» les deux ans ; ce qui n'est pas si général pour
» ceux de la grande espèce, qui s'élèvent fort
» haut. Il est prouvé, par des expériences nom-
» breuses, qu'il est plus à propos de tailler les
» arbres tous les ans, pour réduire leurs pro-
» ductions annuelles à une récolte moyenne ;
» ce qui, loin de leur nuire, les conserverait
» dans un état de force et de vigueur que la
» grande récolte, qu'on attend tous les deux
» ans, ne manque pas d'épuiser par le défaut de
» taille annuelle. L'arbre jette nécessairement du
» gros bois dans l'espace de deux ans, et donne
» peu de rameaux ; ce qui n'arrive point au
» moyen de cette taille, qui fait main basse sur

---

(1) Darluc, Hist. natur. de la Provence, tom. 1, pag.
o et 31.

4

» les branches gourmandes, et oblige la sève à
» produire plus de rameaux. Or, c'est précisé-
» ment sur ces nouveaux jets, qui doivent leur
» existence à l'art du cultivateur, que naissent
» les olives; et la taille pratiquée de la sorte
» force les branches retranchées à se reproduire
» en rameaux, et à pousser ses rejetons de part
» et d'autre, qui se couvrent de fruits. L'appât
» d'une récolte annuellement assurée n'a point
» encore déterminé les cultivateurs, qui aiment
» mieux jouir tout-à-coup, à adopter cette saine
» pratique; mais j'en connais plusieurs qui n'ont
» qu'à s'en louer, et s'ils n'ont pas de grandes
» récoltes, ils en ont toujours de moyennes
» chaque année, dont le produit constant a des
» avantages réels. Les vrais principes d'agricul-
» ture sont les seuls qu'on doit suivre dans tous
» les pays. »

A la vérité, dans la rivière de Gênes, où la
hauteur des oliviers rend difficile la cueillette de
leurs fruits, on est forcé d'attendre leur chute,
qui ne se termine que vers la fin de septembre
de l'année suivante; la récolte prolongée jusqu'à
cette époque y rend la taille annuelle imprati-
cable. Mais là les oliviers semblent défier, par
leur vigueur et leur élévation, de pouvoir abuser
de leur fécondité. Moins forts et bien moins

élevés en Provence, plus sujets aux variations
d'un climat capricieux, ces arbres exigent d'y être
conduits par des moyens qui facilitent leurs produits, sans épuiser leurs forces et sans nuire à
leurs progrès.

***

De l'Ebourgeonnement.

Plus essentiel que la taille, l'ébourgeonnement
doit être raisonné, et demande une main habile.
On peut suppléer à la défectuosité de la taille, mais
un ébourgeonnement défectueux est irréparable,
et fait que l'arbre perd de sa fécondité, de sa
force et de sa durée : il en est de même si l'on
néglige de l'ébourgeonner chaque année.

C'est au mois d'août qu'il faut ébourgeonner
l'olivier, époque où le mouvement de sa sève
se ralentit et où il cesse de pousser de nouveaux
bourgeons. Supprimez les bourgeons morts, les
malades, ceux de l'intérieur, ceux qui pourraient,
en se développant, mettre de la confusion et causer des meurtrissures par leurs croisemens ; retranchez aussi ceux qui sont trop près les uns
des autres, les gourmands, ceux qui ont poussé
le long de la tige et des branches mères, à moins
qu'ils ne soient nécessaires pour garnir les vides

qui peuvent s'y trouver. S'il existe des branches mortes depuis la taille du printems, remettez-en la suppression à la taille de l'année suivante, afin d'éviter les suites des amputations toujours préjudiciables pendant l'été.

L'olivier nouvellement planté étant moins vigoureux, l'ébourgeonnement se borne, dans la première année, à la suppression des bourgeons qu'il a poussés le long de sa tige : tous ceux qui sont le plus près de sa tête sont conservés. Dans la seconde année et dans les suivantes, on retranche les bourgeons inutiles et nuisibles, de même que ceux de l'intérieur.

Des Labours.

C'est par les labours qu'on prépare la terre et qu'on l'améliore ; par les labours, chaque molécule de terre est exposée aux impressions fertilisantes de l'air, l'acide nuisible s'en évapore, les herbes parasites disparaissent, le terrain, plus meuble, donne aux racines et à leur chevelu la faculté de le pénétrer, et en même tems de jouir des influences des pluies, de l'air et de la lumière.

Les labours faits pendant l'hiver doivent être

plus profonds que ceux du printems et de l'automne. La terre légère en demande moins que la terre forte ; celle-ci, profonde et tenace, conserve mieux sa graisse ; elle résiste aux variations de l'atmosphère plus que l'autre qui, poreuse et ayant moins de profondeur, perd aisément sa graisse. Les terres compactes et argileuses, et qui ont peu de profondeur, veulent des labours moyens entre ceux pour les terres légères et ceux pour les terres fortes.

L'olivier exige, chaque année, trois labours : le premier a lieu ordinairement au mois d'avril, quelquefois au mois de mai, immédiatement après la taille; le second suit l'ébourgeonnement. Ces deux labours, le second surtout, doivent être superficiels. Leur but principal est la destruction des plantes parasites, et l'ameublissement du terrain foulé par le piétinement des travailleurs. Le troisième labour se donne aussitôt après la récolte; il demande à être fait plus profondément que les deux premiers, avec l'attention de ne point endommager les petites racines qui tiennent à la souche et touchent à la superficie de la terre, auxquelles suffit un léger labour autour de la tige. Ces racines, qui jouissent immédiatement des influences de l'air et de la lumière, fournissent une sève précieuse pour la prospérité de l'arbre, et pour les qualités et la perfection du fruit.

Les labours du printems et de la fin de l'été, faits immédiatement après la pluie, sont très-favorables à l'olivier.

Pendant le tems de la floraison, il ne faut point travailler la terre ; les exhalaisons qui en émâneraient s'attachant aux fleurs, paralyseraient les organes sexuels, et le fruit ne nouerait pas.

Des Engrais.

Les sucs nourriciers dont la terre s'épuise pour la végétation des plantes, se réparent par les engrais ; mais tous ne conviennent pas à toute sorte de terrain. Il faut aux terres humides et froides des matières qui fermentent aisément, telles que les excrémens humains, la fiente des oiseaux, celle des chèvres et des brebis : ces engrais, lorsqu'ils ne sont point encore pourris, conviennent aussi aux terres argileuses. Les terrains secs demandent un engrais froid : on se sert de la fiente de bœuf, et, à défaut, de celle de cochon, bien pourrie et bien humide ; cet engrais est pareillement bon pour les terres légères et sablonneuses.

La suie employée comme engrais, mais avec modération, agit matérialement et active puissamment la végétation ; elle agit mécaniquement par la propriété qu'elle a d'attirer la chaleur et de la conserver, de se charger de l'humidité de l'air et de la retenir, d'écarter les vers et les insectes, et, par sa qualité alcaline, d'absorber l'acide de la terre. On peut s'en servir pour toute sorte de terrain, en se modérant sur la quantité, dont l'excès serait nuisible à la végétation. Les sels minéraux, les autres sels et les terres minérales ne peuvent fournir aucun aliment aux plantes.

La chaux détruit les insectes qu'attire l'humidité du terrain, en absorbant cette humidité ; on l'emploie avec succès pour les terres froides, aigres, argileuses et compactes. La poussière de charbon convient aux terres humides.

Les cendres absorbent la chaleur et la communiquent à la terre, qu'elles ont encore la propriété d'ameublir ; elles sont bonnes pour les terres aigres, argileuses et compactes.

Au reste, toutes les matières salines et corrosives, telles que les cendres et la chaux, qu'on emploie pour améliorer et fertiliser la terre, n'agissent sur elle que mécaniquement, et non pas comme engrais; loin de lui fournir aucun suc nourrissant, elles altèrent même les engrais dont elles détruisent la graisse.

Il est des cultivateurs qui font un mélange de parties égales de terre et de fumier, qu'ils amoncèlent et dont ils ne font usage qu'au bout d'un certain tems. Cette sage méthode a l'avantage de conserver à l'engrais des parties grasses, sujettes à se dissiper facilement.

Les engrais favorables à la végétation des oliviers sont déterminés par la nature des terres dans lesquelles ils sont implantés. Il est à propos de ne fumer le terrain que lorsqu'il est sec; en cet état, il est mieux disposé à saisir la graisse et à la conserver. C'est en automne que l'on doit fumer les oliviers, lorsqu'après la récolte ils reçoivent le dernier labour. Alors c'est une opération utile que de butter leur souche et leur tige, avec une terre riche en humus : ce buttement les dispose mieux à saisir et à conserver la graisse du fumier, qu'il faut étendre également, et de suite après recouvrir de terre, afin que les parties aqueuses ne s'évaporent pas (1).

_____

(1) En indiquant les engrais qui conviennent le mieux aux divers terrains, nous n'avons point prétendu exclure aucune

Les moyens indiqués pour la culture de l'olivier sont généraux pour tous les pays où cet
arbre est un objet de produit. C'est au cultivateur à les modifier d'après la localité, la position, la qualité et l'état du terrain. Les diffé-
rences qui peuvent résulter des engrais, de la
profondeur des labours, de l'époque de la taille,
etc., n'altèrent en aucune manière la vérité de
ces moyens, et on ne saurait les rejeter, à moins
de conclure faussement du particulier au général.

Des Pépinières.

On peut former des pépinières d'oliviers, soit
avec des graines, soit avec des rejetons, ou francs
de pied ou sauvageons, soit avec des boutures.
Les graines sont les moyens que la nature donne,
avec profusion pour conserver l'espèce; elles em-
brassent toutes les variétés, et en font éclore de
nouvelles. Les boutures n'en reproduisent qu'une;

---

espèce d'engrais qu'on emploie dans certains pays, par la facili-
lité qu'on a de se les procurer. On supplée à la qualité par la
quantité, et à celle-ci par la qualité. Nous n'avons point
cité, parmi les engrais, les rognures de cornes, de cuirs et
les vieux chiffons de laine, qui ne peuvent être d'un usage
général, et nous avons pensé qu'il serait absurde d'indiquer
la marne pour des pays où il ne s'en trouve point.

5

mais, constantes dans leur résultat, elles la reproduisent fidèlement, sans jamais dévier. C'est au
moyen des boutures que, maîtres d'une variété,
nous pouvons l'étendre à notre gré par un nombre infini d'individus, que nous pouvons réunir
dans un terrain qui leur convient par ses
qualités et par sa position. Mais, comme tous
les ouvrages de la nature imparfaits de quelque côté, cet unique et infaillible moyen de
multiplier entraîne avec lui une cause de dé-
gradation lente, qui s'aperçoit d'une manière
sensible dans les descendans d'oliviers ainsi
propagés. Ils tiennent leur existence d'arbres et
de souches épuisés par des ravalemens nombreux
et réitérés ; ils s'affaiblissent à chaque génération,
ils sont moins élevés, moins féconds et moins
en état de résister au froid. Quel sera le terme
de cette décadence ? Finiront-ils comme le ba-
nanier, en Amérique, qui, perpétué de rejetons
et jamais régénéré, a perdu la faculté de produire
des graines fécondes ?

Les semis seuls pourront arrêter cette décadence ; c'est en régénérant l'olivier, qu'on lui
rendra ses facultés primitives. Par les semis,
on obtiendra des sujets qui, forts d'une existence
qu'ils ne tiennent que d'eux-mêmes, et habitués
dès leur enfance au climat dans lequel ils doivent

végéter, seront capables de résister aux rigueurs des saisons.

Le terrain qu'on destine à recevoir les semis doit être défoncé à la profondeur d'un mètre ou de trois quarts de mètre (4 ou 5 pans); il faut en effriter les mottes et l'unir, après en avoir extrait les grosses pierres, ouvrir ensuite des sillons parallèles à la distance d'un mètre, et y déposer un ou deux noyaux d'olive recouverts de leur pulpe. Les semences auront entr'elles l'intervalle d'un décimètre (3 pouces 11 lignes 296 millièmes) : ensuite on comblera les sillons.

Ces olives, semées immédiatement après la récolte, lèveront au printems. Si l'on différait cette opération jusques à cette dernière époque, les amandes se dessècheraient au bout de deux ou trois mois, et il n'en lèverait qu'un petit nombre.

Les produits de ces semis ne seront ni taillés ni ébourgeonnés, à la première année ; dans les suivantes, ils seront gouvernés d'après la méthode que nous avons indiquée pour les rejetons francs de pied, provenus de souche. On leur donnera deux labours par an, et on les binera souvent pour les délivrer des herbes parasites.

A la sixième année, ils seront en état d'être transplantés avec toutes leurs branches, toutes leurs racines et surtout avec leur pivot, d'où dépend leur prospérité; car les arbres dont le pivot n'a point souffert sont ceux qui sont les plus droits, les plus sains et les plus capables de résister aux rigueurs du froid. La direction de cette racine n'est point un caprice de la nature; elle l'a donnée ainsi pour la nourriture et la conservation des plantes. Si, dans le déplacement de l'arbre, le pivot est coupé ou endommagé, hâtez-vous d'en soigner les plaies, afin de prévenir l'extravasion des sucs, dangereuse pour un arbre fraîchement transplanté.

Les individus, qui auront été greffés dans la troisième année, ne pourront être transplantés qu'à la septième. Ils fourniront, à leur tour, des semences et des greffes vigoureuses habituées au climat.

Des Boutures.

Les boutures, ainsi que nous l'avons dit ci-dessus, sont les seuls moyens de s'assurer la possession des belles variétés dont les semis nous ont enrichis, et de propager à volonté ces variétés.

Il y a diverses manières de faire les boutures ; nous allons les indiquer successivement.

Auparavant, nous recommanderons d'avoir soin que la coupe des boutures soit nette, et que toutes les feuilles soient conservées à leurs rameaux (1); de planter ces boutures immédiatement après qu'elles ont été coupées, et de faire suivre leur plantation d'un arrosement copieux.

L'époque la plus favorable, pour faire les boutures, est celle où les oliviers entrent en sève; ce qui a lieu ordinairement au mois de mars. Il convient d'attendre que la sève soit en mouvement depuis quelques jours, ce dont on est averti par la croissance du bourgeon terminal.

Des Boutures par éclats.

Des éclats de racines sans chevelu, ayant un ou deux yeux, séparés de leur souche un peu avant l'ascension de la sève, et plantés dans une terre bien préparée et bien fumée, produisent des individus : ce moyen est un des plus propres pour multiplier les oliviers et pour en former des pépinières.

---

(1) C'est une opération vicieuse que celle d'enlever les feuilles des rameaux dont on fait des boutures; attendu que les feuilles aspirent, dans l'atmosphère, les fluides nécessaires à la nourriture des yeux ou *gemma*, qu'elles portent dans leurs aisselles, et qu'elles élaborent la sève descendante utile à la sortie des racines.

Des Boutures par tronçons.

Avec des branches d'un et demi à deux décimètres de diamètre, sciées par portions d'un tiers de mètre, dont les coupes ont été réparées avec la serpette, on fait des tronçons, qui, plantés perpendiculairement et recouverts de quatre doigts de terre, prennent racine et poussent des bourgeons. Ces boutures exigent un terrain meuble et fertile, une exposition chaude, des arrosemens abondans dans les tems de sécheresse, et que le sol, biné à plusieurs reprises, soit purgé des herbes parasites. Au bout de deux ou trois ans, ces tronçons fournissent des individus assez forts pour être séparés de leur souche. Virgile, Columelle et Olivier de Serre, recommandent ce moyen pour la multiplication des oliviers, soit qu'on veuille établir des mères qui produisent pendant long-tems de jeunes individus francs de pied, soit qu'on veuille former des plantations à demeure.

Des Boutures par quartiers.

Olivier de Serre, que nous venons de citer, indique un moyen communément pratiqué de son tems en Languedoc et en Provence. Ce moyen consiste à fendre, en plusieurs quartiers, de vieux et gros oliviers, depuis le sommet du tronc jusqu'à l'extrémité des racines, et à planter ces quartiers verticalement. Le peu d'écorce qui leur reste suffit pour leur végétation ; avec le tems, elle s'étend et finit par les recouvrir entièrement.

Des Boutures par ramées.

On appelle ramées des branches des troisième et quatrième ordres, qui sont garnies d'un grand nombre de rameaux, de ramilles et de bourgeons, et qui ont de 4 à 4 mètres 1/8 (15 à 18 pouces) de longueur.

Pour former des boutures de ces ramées, on les place horizontalement dans un terrain meuble, mais à une profondeur inégale ; de manière que leurs parties les plus grosses soient recouvertes d'environ 3 décimètres de terre, leurs rameaux de deux décimètres, et leurs ramilles d'un centimètre.

Ce bouturage est employé dans les pays d'oliviers, pour former des mères, qui conservent long-tems leur fécondité et produisent de jeunes plants francs de pied.

Des Boutures par ramilles, et par ramilles renversées.

Les ramilles sont des bourgeons qui ont cessé de croître en longueur à la dernière sève, et qui ont à leur extrémité un œil bien formé. Pour le premier de ces bouturages, on place les ramilles dans leur position verticale; dans le second bouturage, c'est-à-dire, lorsque les ramilles sont renversées, on les enterre la tige en bas, comme si elles étaient des racines, en ne laissant sortir hors de terre qu'environ deux pouces du gros bout du rameau sur lequel elles sont placées. Ce bouturage est depuis long-tems pratiqué à Marseille, tant pour la multiplication de l'olivier, que pour celles du figuier et du grenadier (1).

Des Boutures par Bourgeons.

Le bourgeon, qui est le produit d'un œil ou *gemma*, est ainsi nommé depuis qu'il est sorti de ses enveloppes hivernales, jusqu'à l'époque à

_____

(1) L'abbé Rosier avait fait des essais sur ces moyens de multiplier les oliviers ; mais la mort ne lui laissa pas le tems d'en faire connaître le résultat.

laquelle il cesse de s'alonger. Cette bouture doit
être choisie dans une position verticale. Avant
de la mettre en terre, on doit enlever les boutons,
qui se trouveraient sous terre, en ayant la précaution de ne point endommager les bourrelets
qui leur servent de support. C'est de ces bourrelets que sortent ordinairement les racines (1).
Cette espèce de bouture est très en usage dans
certains pays. C'est au printems, avant que la
sève soit dans sa force, qu'il convient de faire
ces boutures.

Des Boutures par crossettes.

La crossette, qu'on nomme aussi maillot (2),
est une partie du bois de l'année, à laquelle est
jointe une petite portion du bois des deux sèves
précédentes. Elle serait une bouture ordinaire,
sans cette annexe qui seule établit la différence.

Après avoir supprimé, à l'extrémité supérieure
de la crossette, tout le bois herbacé de la der-

---

(1) Le bourgeon doit être coupé sans déchirure ; toutes les
précautions recommandées, telles que celles de fendre la bouture par le bas, d'y introduire un grain de blé, de faire des
entailles à l'écorce, *etc.*, sont nuisibles, puisqu'elles détruisent
l'organisation et donnent lieu aux désordres causés soit par
l'humidité, soit par la sécheresse.

(2) Du latin *malleolus*, en provençal *mailhoou*.

nière sève, au lieu de la planter perpendiculairement, comme la plupart des autres sortes de boutures, on la couche obliquement ou presque horizontalement, dans une petite fossette de 12 à 36 centimètres (6 à 18 pouces) de profondeur, et on ne laisse sortir au-dessus de la terre qu'un ou deux yeux de l'extrémité supérieure du rameau.

Ce moyen est employé en grand pour la multiplication de l'olivier dans les climats chauds. Ces crossettes sont couchées presque horizontalement, dans de petites fossettes creusées depuis un décimètres 50 centimètres jusqu'à deux décimètres environ (4 pouces à 5 et demi) de profondeur, et on ne laisse sortir hors de terre que l'extrémité supérieure du rameau, contenant un, deux ou trois yeux.

Nous ne dirons rien des boutures par drageons ou rejetons, dont nous avons parlé au commencement de ce mémoire.

Des Boutures par plançons.

Cette bouture, nommée plançon ou *plantard*, est formée le plus ordinairement d'une branche du troisième ordre, de 5 centimètres environ (un pouce et demi à trois pouces) de diamètre, et d'un décimètre et 65 centimètres à un décimètre et 80 centimètres (de 5 pieds à 5 pieds et demi) de long, droite, saine, vigoureuse, élétée par le sommet, coupée en pointe triangulaire par le gros bout, et dont on supprime tous les rameaux et les ramilles. Pour établir cette bouture, on fait, avec un pieu, un trou de la profondeur d'un peu moins de deux décimètres (6 pouces), et d'un diamètre double de celui de la branche. On place le plançon dans ce trou que l'on remplit ensuite avec une terre douce et riche en humus, qu'on a soin de fouler de tous les côtés. De cette manière, les plançons s'enracinent et deviennent des arbres. Cette bouture, qui se fait vers le milieu de février, est employée avec succès dans la rivière de Gênes, et a réussi à quelques agriculteurs qui en ont fait usage à Marseille.

Des Marcottes.

Ce moyen, moins utile que les autres, demande plus de tems, plus de soins et ne fournit qu'un petit nombre de sujets. Mais il donne l'avantage d'utiliser les branches gourmandes et les nuisibles. Nous n'entrerons dans aucun détail sur les diverses manières de faire les marcottes, en pots, en pots fendus, par torsion, par étranglement et par plaies annulaires. Nous dirons seulement qu'on forme des marcottes bien enracinées, en couchant en terre les bourgeons en état de croissance. Si ces bourgeons sont placés verticalement, il faut les ligaturer et leur faire une section annulaire. La saison favorable pour marcotter est celle où la sève est prête à se mettre en mouvement.

Nous ajouterons qu'on ne doit pas se presser de séparer la marcotte de la branche mère, mais attendre que la marcotte soit bien enracinée. Il est même des circonstances où il convient de ne faire cette opération qu'en plusieurs tems ; d'abord, on coupe la branche marcotte près de la souche, dans le tiers de son épaisseur ; trois mois après, on approfondit la taille d'un autre tiers, et si la marcotte n'a point été fatiguée des premières amputations, on coupe l'autre tiers, et l'on enlève la marcotte à laquelle on donne une culture un peu soignée pendant les premières années. La saison convenable pour séparer les marcottes des plantes mères est celle où elles entrent dans leur première sève ; ce qui a lieu, pour l'olivier, depuis la fin de janvier jusqu'à la fin de février (1).

_____

(1) J'observe que j'ai quelquefois copié le savant M. Thoïn, dans les chapitres qui traitent des boutures et des marcottes, parce que je n'aurais pu dire aussi bien.

Des Greffes.

Par la greffe, on perfectionne la sève, et on obtient des fruits plus beaux et meilleurs. Les oliviers greffés sont plus hâtifs à produire des fruits, mais ils ne résistent pas au vent et à la gelée comme ceux venus francs de pied (1).

On ne fait usage que de trois sortes de greffes: en fente, en couronne et en écusson.

De la Greffe en fente.

La greffe en fente se fait ordinairement depuis le commencement de février jusques en mars. On choisit un sujet de deux ou trois ans, qu'on scie horizontalement ; on le fend après l'avoir paré avec la serpette; on taille la greffe en lui conservant une partie de son écorce, et on l'insère dans la fente, avec la précaution de faire correspondre les libers. On a soin ensuite de recouvrir l'insertion de la greffe, avec l'onguent dont nous avons indiqué la recette.

---

(1) Ces derniers furent seuls du petit nombre qui échappa aux rigueurs de l'hiver de 1709. (Instruction sur le Bail partiaire, par J. F. Seytres, pag. 89.) *Note de l'éditeur.*

De la Greffe en couronne.

Ce ne sont que les gros oliviers que l'on greffe en couronne, au mois de mai, pendant la sève. On en coupe la tige ou les branches, et, au lieu de les fendre, on en soulève l'écorce pour donner place à la greffe qu'on insère. Pour assurer l'opération, on ne se borne pas ordinairement à une seule greffe. Pendant les trois premières années, il convient de soutenir, avec des baguettes, les greffes, crainte que le vent ne les détache.

De la Greffe en écusson.

Cette greffe se fait, soit en enlevant, sur le sauvageon, un petit morceau d'écorce contenant un œil ou *gemma*, qu'on remplace par un autre pris sur l'arbre dont on veut obtenir la variété, soit en fendant l'écorce du sauvageon, depuis l'épiderme jusqu'à l'aubier, en forme de T; dans ce dernier cas, avec la spatule du greffoir, on écarte par le haut les deux lèvres de l'écorce incisée, pour placer l'écusson, sur lequel on replie les deux lèvres, de manière qu'il n'y ait aucun vide entr'elles, et qu'elles adhèrent parfaitement à la greffe, qu'on a soin de ligaturer.

Si, quelque tems après, les ligatures ont donné lieu à la formation de bourrelets ou d'étranglemens, il sera à propos de les desserrer.

La greffe en écusson se fait en deux saisons : vers la fin du printems, et depuis la fin de l'été jusques en automne. La première se nomme à la pousse, et l'autre à œil dormant. Toutes les deux s'opèrent sur de jeunes plants d'un jusqu'à cinq ou six ans, lorsqu'ils ont l'écorce lisse, mince, saine et tendre.

RÉSUMÉ

De la Culture et de la Taille de l'Olivier.

Ayez soin, chaque année, de tailler les oliviers et de les ébourgeonner;

Ne retranchez de grosses branches que celles qui sont mortes ou malades;

Que leurs jeunes branches et leurs rameaux garantissent tant la tige que la souche du froid et de l'ardeur du soleil;

Donnez-leur trois labours par an, et de l'engrais au mois de décembre;

Couvrez la souche et les racines d'une terre riche, en même tems que vous les fumez;

Débarrassez leur sommet des rameaux diffus, lesquels sont un obstacle aux influences de l'air et de la lumière, et ménagez les racines voisines de la superficie.

Je ne puis mieux terminer ce mémoire, que par cette maxime de Caton, ch. IX, liv. 28 :

« Par où faut-il commencer ? Par bien travailler » le terrain. Que faut-il faire ensuite ? Bien la- » bourer. Que faut-il faire en troisième lieu ? » Bien fumer. Ne labourez point inégalement, » et labourez au tems propre. »

FIN DU MÉMOIRE.

~~~~~~

RAPPORT

Sur les Mémoires adressés à l'Académie de Marseille, pour concourir au prix qu'elle avait proposé pour la seconde fois, l'année dernière, sur les moyens de réparer, le plus promptement possible, les désastres qu'ont éprouvés les oliviers par le froid du 12 janvier 1820, par M. LAUTARD, Secrétaire perpétuel de la classe des sciences, lu à la séance publique de l'Académie, le dimanche 1er septembre 1822.

MESSIEURS,

DE tous les arbres que l'industrie de l'homme a su mettre à profit, l'olivier mérite, sans contredit, le premier rang. Transplanté d'Egypte dans l'Attique, et de la Phocide dans le territoire de la ville que nous habitons, il s'est parfaitement accommodé du climat du midi de l'Europe. On le trouve vers les côtes septentrionales de l'Afrique, dans l'Asie mineure, dans les régions qui l'avoisinent et dans presque tous les climats tempérés.

7

Ce genre d'arbres comprend environ neuf espèces, dont une d'Amérique, une d'Asie, six d'Afrique et une seule d'Europe. C'est celle-ci, Messieurs, sur laquelle on a le plus écrit, parce qu'elle prospère dans la partie la plus éclairée du monde civilisé.

Mais ce qui vous a surpris, sans doute, c'est de vous être assurés que si Théophraste, Varron, Pline, Columelle ont tracé jadis des préceptes généraux sur la culture de l'olivier, ce n'est que dans les tems modernes qu'on a réellement donné, sur ce point, les plus sages et les plus utiles leçons; et ce qui n'a pu manquer d'exciter un noble orgueil dans vos âmes, c'est que ces leçons, ces travaux précieux sur cette intéressante branche de l'agriculture du midi de l'Europe, c'est vous qui les avez provoqués et qui avez eu le rare bonheur de les couronner.

Oui, Messieurs, qu'Horace célèbre, à Tibur, les olives de Venasso; que la Campanie vante les belles variétés de celles qu'elle recueille; que la ville de *Piedemonte d'Alife*, près de Naples, offre aux étrangers ces olives confites sur l'arbre-même qui les produit; qu'on s'extasie devant ces oliviers qui donnent deux, trois et jusqu'à douze récoltes par an; ces bizarreries du climat et de la nature se bornent aux lieux qui les voient naître ; l'espèce entière reste soumise aux lois qui la régissent, et c'est l'Académie de Marseille qui, la première, en a fait connaître l'ensemble aux nations qui font de sa culture l'objet de leurs soins agricoles.

Parcourons, en effet, les annales des peuples qui cultivent l'olivier, et nous verrons que ni l'Asiatique indolent, ni l'Africain dans les fers, n'ont jamais eu ni la volonté ni la pensée même d'étudier cet arbre précieux; nous verrons que l'Espagne et l'heureuse Italie, trop favorisées de la nature peut-être, n'ont jamais connu, sur ce point, la nécessité de combattre ses rigueurs. C'était donc des climats où l'arbre de Minerve éprouve les plus cruelles vicissitudes, que l'agriculteur devait attendre les moyens les plus propres à les surmonter ; car le besoin fut toujours le père du génie.

Une ancienne et grossière routine formait le seul recueil de préceptes relatifs à la culture de l'olivier; ou, pour mieux dire, cet arbre était plutôt abandonné, par nos pères, aux soins de la nature, que soumis aux travaux réguliers qu'exigent nos champs ingrats et ses besoins. Sans cesse confondu, dans ses variétés, par des noms qui exprimaient les mêmes individus; l'agriculteur sans guide, et ne sachant ni varier, ni

perfectionner ses espèces, cette branche de notre
agriculture était dans une honteuse confusion.

Ce furent ces puissans motifs qui détermi-
nèrent l'Académie de Marseille, en 1782, à
proposer, pour sujet de prix, un traité complet
sur la culture de l'olivier. Ce n'est que depuis
cette époque, Messieurs, que nous pouvons nous
flatter de posséder, sur ce sujet, des notions
exactes et des détails du plus vif intérêt. Dans
ce concours, devenu célèbre par l'excellence des
travaux qui en furent l'objet, on distingua trois
mémoires qui devaient bientôt opérer une révo-
lution complète dans ce qui constitue cette partie
de notre agriculture; et M. Bernard, alors di-
recteur adjoint de l'Observatoire de cette ville,
dont l'ouvrage fut couronné, devint, pour ainsi
dire, le fondateur d'une science nouvelle, à laquelle tous les bons agriculteurs s'empressèrent
de s'initier. C'est dans cette source que puisa
l'abbé Rozier, pour son cours d'agriculture; c'est
là que Parmentier trouva ses variétés, pour la
description de l'olivier d'Europe; enfin, depuis
1782, il n'est aucun traité, aucun ouvrage d'agriculture, qui n'ait reproduit, sur l'olivier, d'une
manière plus ou moins fidèle, ce que M. Bernard
avait déjà fait connaître, sur ce sujet, dans son
travail. Son ouvrage est devenu le manuel de

l'agriculteur du Midi , parce qu'il n'étudia que la nature , et que les jugemens de celle-ci ne peuvent être impunément enfreints par l'inconstante volonté de l'homme.

Ce fut donc cette Académie qui donna la première impulsion, sur ce point de la prospérité publique, auquel, se rattacheront toujours de si hauts intérêts.

Mais il ne suffisait pas d'avoir enrichi l'agriculture de règles et de documens précieux, pour retirer de l'olivier, de cette mine de la surface de la terre, comme l'appelle un savant auteur italien, le plus grand produit : vous avez réfléchi que dans la contrée que nous habitons, cet arbre, durant les hivers rigoureux, périssait quelquefois jusques dans sa racine, et plongeait, pendant plusieurs années, l'infortuné cultivateur dans la misère et le désespoir. Vous avez peu craint la vieillesse de l'olivier; car, si dans l'homme et les animaux, elle est ordinairement accompagnée de la stérilité (1), elle réunit, dans cet arbre, la majesté du grand âge à la fécondité des jeunes plants; et l'on admire, dans celui qui a lutté plusieurs siècles contre l'injure du tems et des saisons, ses branches gigantesques occupant un

_____

(1) Michel, p. 98.

vaste espace, et portant des fruits nombreux qui récompensent largement les soins du laborieux cultivateur ; mais les années 1709, 1769, 1789 et 1820, ont éveillé votre sollicitude. Vous avez vu de quelle catastrophe ces arbres, tant chéris de nos pères, ont été la victime, sans que l'homme des champs ait pu trouver, dans les malheurs qui l'avaient précédé, d'utiles maximes agricoles pour diriger sa conduite et le consoler de ses pertes, par l'espoir d'un heureux avenir.

Ainsi, dans l'espace d'un peu plus d'un siècle, les oliviers ont succombé quatre fois, et notre génération chercherait vainement des mémoires consacrés à réparer ces malheurs.

Il était digne de vous, Messieurs, d'élever un nouveau monument à la science agricole, et de prouver à la postérité que rien de ce qui peut intéresser le premier, le plus utile des arts, ne vous fut étranger.

Vous avez donc offert la palme académique à celui qui tracerait, d'une main assurée, la méthode que doit suivre l'agriculteur pour réparer, le plus promptement qu'il est possible, les désastres qu'ont essuyés les oliviers pendant le dernier froid. Cette question, importante par elle-même, le devient encore davantage par son utilité probable dans les tems à venir.

Deux fois vous avez donné le signal aux amis
de l'agriculture ; vous avez pris connaissance du
résultat du premier appel ; et je viens, dans ce
jour solennel, au nom d'une commission spé-
ciale, vous offrir l'abondante moisson recueillie
dans le champ que vous avez ouvert aux nouveaux concurrens.

Quatre mémoires vous ont été remis, cette
année, pour répondre à la question proposée.
Le n°. 1, portant ces mots pour épigraphe :
*Arracher la vie des bras de la mort, est plus
que de la conserver en état de santé*, est très-
certainement l'ouvrage d'un homme qui n'a jamais
écrit. Il est étranger aux sciences, à l'art de l'agriculture, à l'observation. Il y aurait peu de géné-
rosité, sans doute, à faire ressortir les défauts
sans nombre dont il fourmille ; et l'on peut dire
qu'il serait facile d'exciter la gaieté de l'audi-
toire, en citant quelques extraits de cette étrange
composition ; mais comme, en général, ceux qui
écrivent sur de semblables sujets, n'aspirent pas
à la gloire purement littéraire, on s'est imposé
l'obligation de ne pas lui reprocher les fréquens
écarts que présenterait son travail, considéré
sous ce simple rapport. Cependant, bien que la
commission le traite avec toute l'indulgence que
semblent commander les louables intentions dont

il paraît être animé, elle désire franchement que si ce rapport parvient jusqu'à lui, il l'engage, à l'avenir, à faire toute autre chose que des mémoires qu'il n'est pas même permis de critiquer.

Le n° 2 a pour devise ces paroles de Pline l'ancien, *Oleœ quâdam œternitate consenes-cunt.*

L'auteur, profondément nourri de son sujet, l'a considéré sous mille rapports divers : il a multiplié ses observations, fait d'utiles expérien-ces, et divisant les membres de la famille en-tière des oliviers, tués ou mutilés par le froid, il indique soigneusement les traitemens qu'il juge devoir leur convenir. Il paraît avoir étudié la physiologie végétale, et ne pas ignorer ce que la chimie agricole a découvert d'intéressant sur cet objet. Il est peu de concurrens qui aient aussi sérieusement médité la question, et qui aient fait d'aussi fréquentes applications des principes de la physique des arbres aux cas particuliers qui ont fait le sujet de ses méditations. L'auteur de ce mémoire paraît être doué d'un jugement sain, d'un sens droit et surtout de cette cons-tance dans la recherche de la vérité qui la laisse rarement échapper. La commission néanmoins peut lui reprocher de s'être fait connaître, d'avoir quelquefois égaré son sujet dans de trop longs détails, et d'avoir revêtu son style d'ornemens surannés, qui l'ont trop souvent déparés.

Le mémoire inscrit sous le n° 3 porte pour devise ces paroles de Salomon : *Viam experientiæ monstrabo tibi, ducam te per semitas veritatis.*

Moins abondant que celui qui le précède, l'auteur de ce mémoire a plus de sagacité peut-être, plus de finesse dans l'observation, plus de régularité dans ses plans, plus d'ensemble dans ses tableaux, une expérience plus consommée, un langage plus approprié. C'est un travail délicat fait par d'habiles mains. Il serait difficile de découvrir de graves erreurs dans cet écrit, parce qu'il est fait par un agriculteur instruit, qui se borne à décrire ce qu'il a réellement vu, et qu'il est exempt d'ailleurs de ces préventions invétérées qui s'opposent constamment à l'adoption des faits les moins contestés : il eût fixé, sans contredit, le choix de la commission, si le mémoire inscrit sous le n° 4, n'eût immédiatement paru sur les rangs. Elle vous a néanmoins particulièrement recommandé cet ouvrage, et vous a proposé d'en faire une mention honorable dans vos travaux.

Ce dernier mémoire a pour devise l'éloge de l'olivier puisé dans Columelle : *Olea quæ prima omnium arborum est.*

8

Tracer, en peu de mots, dans un exorde élé-
gant, l'histoire de l'olivier ; assigner les divers
rangs que les individus de l'espèce doivent occuper, d'après le désastre qui les a frappés ; appuyer
fortement sur les soins délicats qu'ils exigent ;
et réunir toutes ses forces pour engager l'agriculteur à renouveler, par les semis, cet arbre
précieux que nos hivers rigoureux ont jeté dans
un état de langueur : telle a été la tâche de l'auteur. Aucun de ses rivaux n'a pu l'égaler pour
ce qui regarde la taille, la greffe, l'ébourgeonnement, la plantation et la culture particulière
qu'exigent les jeunes sujets. Il a su réunir, aux
détails indispensables dans de pareilles descrip-
tions, une méthode, une précision, un style qui
en relèvent les charmes, et qui annoncent, en
même tems, un observateur exact, un cultivateur
instruit, un homme qui a vécu dans le cabinet
et la bonne compagnie. La nature de ces sortes
d'ouvrages étant peu susceptible d'une longue
analyse, la commission a pensé que cette es-
quisse suffirait pour vous faire partager son
opinion ; en conséquence, pour récompenser
l'auteur de ce mémoire, elle vous a proposé de
lui décerner le prix ; et pour que les cultivateurs ne tardent pas à jouir d'un travail dont ils

ont un si pressant besoin, d'après votre vœu, elle s'est empressée de le livrer à l'impression.

Puissent, Messieurs, les vues qui vous animent trouver, dans les compagnies savantes, de nombreux imitateurs ! Puissent-elles toujours se réaliser comme dans cette heureuse circonstance, et prouver à vos contemporains que les sciences ne sont réellement estimables que lorsqu'elles sont utiles à la société.

FIN.

FIN.